GW01319761

HENO, WR

TONIGHT, WHILE SLEEPING

HENO, WRTH GYSGU

**Barddoniaeth am
y Newid yn yr Hinsawdd**

TONIGHT, WHILE SLEEPING

Poetry on Climate Change

Roynetree Press

Published in 2011 by
Roynetree Press
Pant yr Ywen, Llwyncelyn Road
Tai'rgwaith, Ammanford, SA18 1UU

ISBN 978-0-9548149-1-5

A CIP record for this title is available from the British Library.
Mae cofnod CIP ar gyfer y teitl hwn ar gael gan y Llyfrgell Brydeinig.

Printed in Palatino by Gwasg Dinefwr, Llandybie.
Argraffwyd mewn Palatino gan Wasg Dinefwr, Llandybie.

Awel Aman Tawe acknowledges the financial assistance of
the Department for Energy and Climate Change Low Carbon
Communities Challenge, Awards for All, and Environment Wales.

Mae Awel Aman Tawe'n cydnabod y cymorth ariannol gan Her
Cymunedau Carbon Isel Yr Adran Ynni a Newid yn yr Hinsawdd,
Arian i Bawb, ac Amgylchedd Cymru.

Cover image: *Sorry, I don't eat fish* by I.R. Daniel from a collection of
paintings responding to climate change and celebrating nature.

Y llun ar y clawr: *Sorry, I don't eat fish* gan I.R. Daniel o gasgliad o
baentiadau sy'n ymateb i'r newid yn yr hinsawdd ac yn dathlu natur.

Golchi'r byd yn lân bob bore
yw swydd afrwydd y bardd.

To wash the world new every morning,
that's the poet's work.

Menna Elfyn from 'Y Bardd Di-flewyn'

CONTENTS / CYNNWYS

Introduction

'Poets', as Shelley once said, 'are the unacknowledged legislators of the world'. Poets speak out against all sorts of political issues - inequality, environmental destruction, human rights abuses. They have a distinct platform in the world of protest. In this anthology, poets are responding to climate change. One of the strengths of the selection is that they take us on a journey from the big global picture down to the small personal detail. It enables us to feel. To feel something about the often abstract and alienating concept of climate change.

This selection was chosen by Gillian Clarke and Menna Elfyn from a body of poetry entered into Awel Aman Tawe's Climate Change poetry competition. The response to the competition - with entries from as far afield as the USA and the Philippines - demonstrated a fierce interest in the subject; and the range of the responses - from blackberries to bankers, from hoovers to hunger - reflect the extent to which climate change is no longer an 'issue' but part of our everyday lives.

I would like to thank Gillian Clarke and Menna Elfyn for their enthusiastic support for the competition, their willingness to judge it and to make this selection. I'm grateful to the poets for their ready co-operation in the compilation of the anthology. Also, thanks to Susan Richardson and Dafydd Wyn for the poetry workshops they ran on the theme of climate change. Finally, special thanks to Carl at Awel Aman Tawe for his support.

Emily Hinshelwood

Cyflwyniad

Dywedodd Shelley unwaith mai 'beirdd yw deddfwyr anghydnabyddedig y byd'. Mae beirdd yn codi'u llais yn erbyn pob math o faterion gwleidyddol - anghydraddoldeb, dinistrio'r amgylchedd, camarfer hawliau dynol. Mae ganddynt lwyfan arbennig ym myd gwrthdystio. Yn yr antholeg hon, mae beirdd yn ymateb i'r newid yn yr hinsawdd. Un o gryfderau'r detholiad yw eu bod yn ein tywys ar daith o'r darlun mawr byd-eang i'r mân fanylion personol. Mae'n ein galluogi i deimlo. I ymdeimlo â'r cysyniad o newid yn yr hinsawdd sydd yn aml yn haniaethol ac yn ein dieithrio.

Dewiswyd y detholiad hwn gan Gillian Clarke a Menna Elfyn o blith corff o farddoniaeth a gyflwynwyd i gystadleuaeth farddoniaeth Awel Aman Tawe. Roedd yr ymateb i'r gystadleuaeth - gyda chynigion yn cyrraedd o wledydd cyn belled i ffwrdd â'r Unol Daleithiau ac Ynysoedd y Philipinos - yn dystiolaeth i'r diddordeb angerddol yn y pwnc; ac mae'r amrywiaeth o ymatebion - o fwyar duon i fanceriaid, o hwfers i heintiau - yn adlewyrchu sut mae newid yn yr hinsawdd wedi datblygu o fod yn 'fater' i fod yn rhan o'n bywyd bob dydd.

Hoffwn ddiolch i Gillian Clarke a Menna Elfyn am eu cefnogaeth frwd i'r gystadleuaeth, eu parodrwydd i'w beirniadu ac am gydosod y detholiad hwn. Rwyf yn ddiolchgar i'r beirdd am eu cydweithrediad parod wrth roi'r antholeg at ei gilydd. Diolch hefyd i Susan Richardson a Dafydd Wyn am y gweithdai barddoniaeth a redwyd ganddynt ar y thema newid yn yr hinsawdd. Ac yn olaf, estynnaf ddiolch arbennig i Carl yn Awel Aman Tawe am ei gefnogaeth.

translated by Joy Davies

Sarah Westcott
Birth of a Naturalist

All century trash floated round the gyre
of the Pacific: bright and shiny, shoes
baked themselves open, grew weedy gills,
shoals of rolling bottles nudged each other,
blister packs burst delicately -
the scent of rubber wove itself round
chair legs like a cat.
    There were swirls of wilted condoms,
ribbed and stippled, a shining dummy teat,
slowly turning tyres: the stuff of shucked and
cast-off lives, cresting rills of milky foam,
breeding in long nests of hair.
    Worst of all in the warm thick clutter
were the shopping bags of every hue,
plaited together by the waves' regular hand
or domed, translucent as a bloom of medusae,
ripped membranes flickering like something precious.
    One day when the sky hung heavy,
I gunned the outboard motor, ducked the boom
to take a closer look. The brine was thick,
sounding a thin high note like a bell.
    The trash mass jostled for attention,
each piece sliding and mounting the other
as if silent hands pushed it out of the sea,
back into my hands, offering it up
and I knew that if I dipped my arm in
I would never get it back.

Iris Debley
Passage

I saw a soldier, sailor, airman over there.
They all wore poppies in their hair.
They turned to me, bent low and said
Too soon
Too young to bleed so red.

Then came a woman with a child
Trembling from deep sobs inside.
No winter warming from that sun
Too young
Too cold cried everyone.

Short span for earthly bones
Looking at stars like stepping stones.
Will we remain, can we mend?
Too cold
Too dead at Land's End.

The sound of silence across all lands
Long shadows on the shifting sands.
Why play wargames with our Earth?
Too dead
Too late for its rebirth.

Noel Williams
Erosion

Sunlight once slid heartsong into the slow,
steady falls of water. My circumstance
deluded then, perhaps. Or does it now?
Young brick, old hill: the same indifference.

Childhood clouds swarmed those hilltops, stained the rock;
rills necklaced them with glass, scoured brackened routes
through blackened peat, frost, sullen slugs of fog;
but all they told me then were platitudes.

Now where the birch is steel; fell, pre-stressed shell;
roots, concrete; memory swells to myth,
stretches my city's chrysalis until
the landscape creaks and something has to give.

Cashpoint, suburb, office block, car park: all
slide with the hillside into the waterfall.

Gabrielle Maughan
Sandcastle

on an empty beach
in sunlight
I built my castle
the wind was my architect
together we sculpted
soft curves from the dunes

I found ribbons of seaweed
sprawling like handwriting
in the tideline of debris
washed from the sea of knowledge
with these I garlanded the walls

I made a roof from shells
that giggled stories about crabby hermits
and boring barnacles

someone has spilt black
tar on my castle
ink black sticky stains
that burn where they touch me
that burn

Simon Jackson
Adrift

Suspended in thin air, a bauble sparkling blue and green,
wreathed in silver tinsel, drifting overhead
but in such darkness the tree, the night, the thread,
the hand that placed it there are all unknown, unseen.
A lustrous bubble, floating up through inky depths,
a shining gulp of air encased, the stuff of life;
a drop of blood, sent spinning by creation's knife
from an uncertain vein, a clot of life and death.

A life boat, travelling through space and time,
carrying us over boundless, lifeless oceans
oblivious to the leaks, our vessel spills polluted brine,
directionless, the sail, the mast, the rudder broken,
unwilling to admit supplies are dangerously low,
that we come from where we know not and have
nowhere else to go.

Noel King
Exposé

In the eleventh month of rain
the ground can hold
no more wet.
It shifts granny's grave,
then granddad's
as waves wash
three miles inland:

basements and ground floor flats,
bank officials in wellingtons
wet with tears the plasma TVs ruined
and the coffins of my ancestors
bob aimlessly,
gurgling sounds fade to silence
and a drowned rat
who missed the boat
floats.

Sue Coats
East Coast

This wide, bare land
open to the sea and sky
waves gnaw this earth
each year taking a little more.

We will not see
the land lost and the village gone
the track fallen
again. The pattern of our lives

is so changed we
no longer recognise ourselves.

Sarah Westcott
Faith Song

After the Copenhagen Climate Change Summit, 18/12/2009.

Faith in the fern's uncurling fronds,
                    the specificity of cuticles
radial spokes of Scots Pine
            and the axial neurons of a lamb,
the anemone closing over a finger,
                the multiplicity and dazzle of a rock pool.

Faith in shifting sheets of sea,
                 the depth and drag, the tonnage,
in flickering skeins of starling
               breaking over roofs,
in songs and shapes of promise,
                  light as cloud, precious as shanty.

Faith in our heavy, beautiful hands,
              their matter and their freight.

Cath Nichols
nest

There is nothing we can do.
The swallows are going crazy
the bright love of their throats
strobes frantically.
Slit between the eaves
something terrible has happened,
something quite terrible.

Sarah Westcott
Green Giant

Oh, I was a gundiguts,
a fat pursy fellow
but my sensibilities were fine, for a giant.

My henges were stunning. I laid
them down like dominoes, learnt to tell
the time. I was rooted in the earth,

swifts blasting past my eyelashes,
skylarks warbling stereo.
I could suck streams dry, flick gates

into spillikins, pull up hedges,
shake their treasures out.
But I didn't. I liked to watch

the wheels of weather, rolling
purple clouds like thoughts,
the lip of sun curving up, melting away.

I'd sit on the plains, on top of the world
on my fine chalk horse, stroke cows
the size of freckles, dip fingertips

in hives, stand, like an oak,
dripping honey, till moths settled
in my palms, sipping, tickling.

I named them all - little snout, cream wave,
ruddy dagger wing -
sometimes I felt like god

but even giants grow old and lonely.
It's all so far away. So I laid my legs
over Dorset, my head on Wiltshire's pillow,

guts spilling into Somerset,
lost myself in deep slow slumber,
until you swaddled me tighter and tighter

in rags of oil seed rape. Now I can't
stop waking up, raising my sloped head,
crushing every stinking bud to pulp.

Noel Williams
Pluvial

It rained for thirty years, and
we'd still not finished the house. Buckets,
tin trays, groundsheets all dragged into service.
It rained another ten. As the furniture
drifted through the doorway,
and the children began their circumnavigation
of the allotment, I thought of you,
alone in the umbrella shop, your till anchored
so the fivers didn't float.
I thought of how we'd sailed Pooh sticks
under Sydney Harbour Bridge, wondering
if they'd reach the forests of Antarctica.

Gillian Livingstone
Presentation

We show them graphs, hoping they will grasp
The urgency of the situation.
We point out how the lines nose ever upward.
Then we flash images: a river of cars,
Literally. A solitary bear,
Adrift. Daffodils in snow, sun and ice.
And then we proffer solutions:
Personal, practical, political.
But I want you to go home and notice
How glossy blackberries now glut in August,
How flaming chestnuts now swarm with beetles,
How the canary sparrow has left us.
And how beech trees are slipping helplessly,
Inexorably down the cracking slope.

Byron Beynon
Seals

This morning you telephoned
that two seals were swimming
in the Tawe,
they brought with them
innumerable seagrams,
navigable rhapsodies
gleaming with motion,
a lustre of sea-eyes
that floated in fields
where tides registered
global warmth, changeable seasons;
for a moment
they held your breath,
sensed their need to escape
at one with their tidings
delivered across the miracle of unchained waters.

Martin Huws
Sgrechen

Hon safai'n gadarn ar hyd yr oesoedd
Er gwaetha grym Rhufeiniwr a Groegwr.
Hon heriai'r llanw ar hyd y canrifoedd
Er gwaetha gwarchae môr o goncwerwr.

Hon oedd y fan lle bydden ni'n oedi
A chwilio am sicrwydd o dan y sêr.
Munudau dwys yng nghanol y miri,
Cryfhau ein bwâu maen cyn newid gêr.

Y diwrnod ola fe gysgon ni ymla'n
Ar ôl noson fawr yng Nghaffi Mosai.
Y larwm o'dd sgrechen y dynion tân,
Y badau'n achub hen bobol o'u tai.

Beth mae hyn yn 'ddweud am ein cyflwr ni?
Y bont sgubwyd bant gan donnau di-ri.

Angharad Penrhyn Jones
Heno, wrth gysgu

Heno, wrth gysgu, clywaf grisialau eira
yn cywasgu
         ehangu
                cywasgu
fel cloc yn taro'i fysedd.

Heno, wrth gysgu, clywaf ddiferion glaw
yn llosgi tyllau yn y tir
fel petai'r cymylau'n gollwng bwledau
fel petai'r cymylau wedi rhoi'r gorau i ddagrau

a gwelaf belydrau'r haul fel cyllyll
                        yn ail-gerfio'r byd
yn creu llyn lle gynt y bu cae
ac anialdir lle gynt y bu coed
a chwm o laid lle gynt y bu cartrefi, aelwydydd

a chlywaf ganghennau'r dderw
yn gwegian o dan bwysau'r dŵr
a'r dail yn sibrwd mewn ofn
a'r gwair oddi tanynt yn swatio
        o dan gwrlid o wlith

a chlywaf sgrech aderyn
                 neu blentyn
yn ymbil arnaf o ben coeden

nes i mi roi'r gobennydd ar fy mhen
a thawelwch rwan yn ddwrn yn fy nghlustiau,
tawelwch yn pwyso arna i
fel tywod, fel llaid
fel dwylo mam ar ben baban
fel dwylo mam ar ben baban

*

Yn y bore, wrth ddeffro, clywaf gloc larwm
y cymdogion, bwletin newyddion.
Chwiban tecell. A llythyr gan y banc
yn llithro trwy ddannedd y drws.

Glenys Kim Protheroe
Ar Fynydd Margam (uwchben Port Talbot)

Fe welais ar fy nhaith
O gopa'r mynydd llwm
Simneiau du y gwaith
Ar fyglyd lawr y cwm.

Tafodau hir o dân
Yn neidio fry uwchben.
Llond lle o wreichion mân
Yn tasgu tua'r nen.

Mae'r mŵg yn drwchus ddu
A stêm o'r twˆr yn poethi,
A'n sydyn fe ddaw rhu
O grombil y ffwrneisi.

Boddwyd cri yr wylan
Gan sgrêch olwyni mawr
Sydd ar y gwynt yn hofran
Drwy'r nôs tan doriad gwawr.

Pa wastraff gaiff ei chwydu
Fin nôs i fewn i'r bae?
Sut fyddwn ni yfory
Yn ceisio ei lanhau?

Lliw gwaed yw lliw y staen
Ar y ffurfafen las,
A llosgwyd perth a drain
Diffeithiwyd porfa fras.

Adar â'u plu yn drwm
A llwch o'r goelcerth fawr
Ac anifeiliaid llwm
Heb garte' ganddynt nawr.

Difwyno'r tir a wnaeth
Diwydiant brwnt ein bro.
Ceir ôl troed ar y traeth
O'r olew du a'r glo.

Cemegau cas a nwy
Sy'n newid hinsawdd byd.
Mae'r gost yn dal yn fwy
Na gwerth diwydiant drud.

Mair Owen Wyn
Yr Arth Wen

Bu gennyt ddigonedd o fwyd
ac roeddet yn mwynhau
dy wala, ac yn cael pleser
o eistedd ar orseddfainc
dy gelfi iâ - a'r cryfder gennyt
i deyrnasu dros orwelion
dy amrannau yn y gwyll.

Pleser pur oedd mynd am dro
a gwybod bod sicrwydd dan draed
a'th fol yn llawn danteithion.
Cael cwmni dy ffrindiau a pherthnasau
a pharti pan oedd angen.
Cest fwynhad mawr yn dawnsio
ar dy gefn a'th goesau yn yr awyr.

Pwy fedrai weld beth ddigwyddai
wrth i'r hinsawdd gynhesu?
Y rhew yn toddi a thithau'n gorfod
neidio o un talpyn ia i'r llall
neu fferru wrth nofio drwy'r dŵr
gan chwilio am graig
i'th gadw rhag boddi.

clare e. potter
Haf Bach Mihangel

i Eurion

Mae'r mab yn eistedd ar silff drws agor
y gegin yn gwylio'r glaw
yn dyfrio llysiau mae wedi dyfu o had.

Fi meddwled something and my brain siaraded, meddai
Fi meddwled about where all this glaw comed from.

Mae'n gwestiwn. Mae'n gwneud i mi feddwl
tu hwnt i'r mynyddoedd, y môr, yr awyr.
Gallai ateb, *O Dduw i'w wneud pyllau*
neu esbonio'r sponge mawr uwchben y tŷ
ond mae fy meddyliau'n llifo nôl
i farciau mwdlyd o gwmpas y tai
sy'n dweud hanes yr hurricane yna
ble mae cysgodion y lefi
mor denau ag esgusodion,
gweddillion bywydau sy ben i waered
cychod ar doeau, gwreiddiau coed tua'r nefoedd.
Annwyl Dduw . . . Haiti, Tsiena, Indonesia. . .
plant ym Mhacistan yn gofyn yr un cwestiwn
fel y boi 'ma, diogel, cymryd amser i ystyried,
ei wallt fel gwe o ddŵr
tra mae'r ffatri lawr yr hewl
yn hwthian i'r awyr.

Amanda Leyshon Weeks
Cyflym

Mae'r coed wedi mynd
Ac mae gennym ni heol newydd
I fynd i'r siopau
Yn gyflymach,
I boeri allan llygredd
Yn gyflymach,
I fynd i McDonalds
Yn gyflymach,
I daflu sbwriel o'r car
Yn gyflymach,
I fwydo'r llygod mawr
Yn gyflymach,
I annog afiechydon
Yn gyflymach,
I farw
Yn gyflymach.

Ond mae gennym ni heol newydd.

Geraint Morgan
Myfi yw bara'r bywyd

Ar gwymp y bluen gynta'
o'r cwmwl llwydaidd, prudd,
bydd panig 'mysg dynoliaeth
a chiw ar ddechrau'r dydd.

Er dim ond haenen denau
'r un trwch a chleren Fai
sy'n dod o'r nen i'n bygwth;
dyw'r ciw ddim tamed llai.

O agor drysau'r storfa
a'r fflyd yn sathru'r tir,
gwêl ymborth yn diflannu –
mae'r ciw yn dal yn hir.

Nadreddu mae pob munud
rownd cornel pella'r siop,
a'i rhengoedd megis byddin
yn chwyddo, ddaw e i stop?

O'r holl ddanteithion hudol
sy'n llenwi'r silffoedd bras,
gwin a chaws yn aros
ond bara 'di werthu mas.

Doedd neb yn dewis llysiau
na physgod ffres y môr,
y llwydni dros y ffrwythau
a'r fintej forty four.

O weld y dorf yn gadael
a bara lond eu côl,
dyw'r ciw ddim tamed byrrach –
rhag ofn i'r storm ddod 'nôl.

Mel Morgans
Y Fflam

Wrth gerdded tua'r gwaith
Yn ddeunaw ysgafn droed,
Fy llygaid megis llaith
Yng ngwyntoedd oer yr oed.

Cyrraedd llwch y marian
A phurfa trachwant dyn,
Cynnau fflamau Baglan
Yn goch, fel melys win.

Dringo'r ysgol haearn
O'r ddaear hyd y nef,
Caled het yn hongian
Fel carreg goffa gref.

Mewn hinsawdd di-droi nôl
Fe godais dyrrau lu,
Fu'n poeri nwyon ffôl
Nes boddi trefi cu.

Ai fi wnaeth cyflym droi
Ein Eden ardd yn hyll,
Drwy wau llwyd bibau ddoe
I fory yn y gwyll.

Gwyrdd oedd lliw fy ngobaith
A ffyddiog oeddwn i
Y troi'r gaeafau hirfaith
Yn hafau cariad fu.

Cyrraedd oed addewid
A'r fflam yn dal ynghyn,
Yr hinsawdd wedi newid
A'r gwyntoedd nawr yn llym.

Arglwydd maddau imi
Fy anghyfrifol hynt,
Gan droi mi nôl, i garu
Hen lwybrau mebyd gynt.

Angharad Penrhyn Jones
Y Bore Wedyn

Rwyt ti'n wefr, yn fwrlwm, yn drydan -
dy gefn yn llydan fel cae.
Rwy'n dy wylio wrth i ti anadlu -
yn ddwl fel llechen
yn gyhyrog fel eog.

Pa drysorau, tybed,
sydd yn dy berfeddion?
Gwelaf bolyn ffens,
a changhennau tew
fel breichiau Bendigeidfran,
a llond gwlad o laid.

Rwyt ti wedi cael blas ar dy gryfder,
dy ryddid, yn awyddus i godi
o'th wely i lyfu gwreiddiau'r dderw
ar waelod y bryn.

Beth yw'r ots am y defaid a'r brain?
Beth yw'r ots am y cloddiau a'r drain?
Beth yw'r ots am ddaearyddiaeth y cwm?
Dy gyfnod di yw hwn.

Nid cario brithyll at y môr
yw dy nod bellach,
nid bwydo bronwen y dŵr
a glas y dorlan a chrëyr;
nid cludo penhwyad
a chynnig cynefin i ddyfrgi -

ond llepian ar ein stepen drws
a dod i fewn heb ddisgwyl am wahoddiad
i orchuddio ein carpedi,
a nadreddu o gwmpas ein strydoedd
gan ddymchwel a llyncu a dat-
gymalu.

Wfft i'r concrit, meddet ti.
Wfft i'r ceir a'r rheilffyrdd
a'r pontydd. Wfft i'n rheolau di-ri.
Ni allwn dy feistroli -
wnest ti erioed ein priodi.
Hwn, Dyfi, yw dy gyfnod di.

Catrin Norman
Ynni Amgen

Tydi a roddaist i ni
Baradwys fechan hardd,
O! dysg ni sut i'w gwarchod
Heb drachwant mawr di-wardd.

Paham rhaid i ni gyrchu
Ynni o wledydd pell?
Mae popeth yma 'Nghymru
A chynnyrch gartre'n well.

Y gwynt a chwytha'n gyson
Dros fryniau Cymru'n hael,
A dyfroedd yr afonydd
A lifa yn ddi-ffael.

Yr haul nid yw yn pallu,
Na'r lleuad yn ei thro
I ddylanwadu'r llanw
Sy'n dod a'r don i'r gro.

Y ddaear sydd yn cuddio
Gwres thermal dan ei bron,
Sy'n barod i'w sianeli
I dwymo aelwyd lon.

Mae gennym brifysgolion,
Gwyddonwyr oddi fry,
All ddangos sut i ffrwyno'r
Adnoddau gawsom ni.

Pa ddiben sydd i oedi,
Yr ateb sydd gerllaw,
Os gwrthod ynni amgen,
Fe dry yr iâ yn law!

Daw clychau Aberdyfi
I ddwyn ein cof yn ôl
I gofio am y peryg'
A pheidio bod yn ffôl.

O! Arglwydd dysg i'm ddeall,
Fod ein paradwys i'w
Throsglwyddo i'n hetifedd
Yn gyflawn, heb un briw.

Glenys Kim Protheroe
Y Winllan

Gwinllan a gawsom i'w thrysori
A'i meithrin drwy'r canrifoedd, a'i chadw am yfory.
Disgwyliaist ein bod ni'n ei gwarchod a'i hamddiffyn.
Rhoddaist etifeddiaeth yng nghampwaith dy gread,
A phatrwm yn nhrefn dy dymhorau.
Yfom o win melys y winllan hon
Yn y dyffrynoedd ffrwythlon ac o gopa'r brenhinol
        fynyddoedd
A meddwi ar ei phrydferthwch.
Cawsom flas ar ffrwyth dy winllan.
Ac eto...
Nid oes ôl llaw y gofalwr rhwng y rhesi
Lle gwelwn y chwyn yn tresbasu,
A'r ddaear sych heb ddiferi.
A do, fe ddaeth y boliog foch i stablan drosti
A diwreiddio ei sylfeini.
Rhaid galw heddiw ar gyfeillion eto i ofalu yn iawn amdani.
Onid ofer yw edifar wedi i'r gwin ballu?

Mel Morgans
Newid Hinsawdd

A glywi di sŵn gyda'r awel,
Fel atgof o'r hen ddyddiau gynt,
Sawl glofa'n diflannu yn dawel
Megis mân us yn chwythu'n y gwynt?

A weli di draw ar y gorwel
Res ddwbwl o leianod main,
Yn chwifio eu breichiau yn uchel
At gôr cymysg o biod a brain?

A deimli di fod yn y pentre'
Wrthwynebiad i leiandy'r bryn,
Fe gaewyd glofeydd heb ddim chware,
Beth fydd hanes y peiriannau hyn?

Arogli aer ffres yn ddifater
Wrth sylwi bod yr amser yn brin,
A gofi am lwch yr hen golier
A'i anadlu bob bore mor dynn?

Wrth flasu dy fwydydd organig
A sipian Tŷ Nant glas a chlir,
A ddaw o gyfandir yr Affrig
Cas atgofion am ddwr sydd yn sur?

Ond synnwyr cyffredin sy'n danfon
Cyfarchion i ti ar bob llaw,
Anghofia di'r tanwydd llawn carbon,
A dibynna ar wynt ag ar law.

Adam Jones
Dyffryn Du

Crwydrem ar hyd lannau'r Aman
Ac ymdrochem yn y dyfroedd du.
Casglem dameidiau o lo mân
Dyna oedd ein hanes ni.

Y pyllau'n poeri glo dros y cwm
A'r tipiau'n esgyn dros y cwm yn fry.
Hapusrwydd gwên y llafurwyr llwm
Ond y natur o'u cwmpas yn pylu.

Yr afreolus afon yn chwyrligwgan gyda'r glaw,
Yn rhuthr o raeadrau gwyllt yn pesychu pentyrrau baw.
Aman flêr a'u dyfroedd du yn drybini mor anghenus
Aman hen ei hanterth hi ar wely'r angau truenus.

Ond wrth rodio'r glannau heddiw
Cael yn ôl o farwolaeth, mae'r afon yn fyw
Daw sisial a pharabl i'r creigiau â'r gro
Daw'r Crychydd a'r dwrgi ar y lan i grwydro

Crwydraf ar hyd afon Aman
A chwilotaf ar ochrau'r lan
mewn tamaid o lo fu gynt o 'ngho
Gwelaf obaith ac adfywiad i achub fy mro.

Bridie Marlow
Angels

Standing tall,
Above the crowd.
Upon a mound
Tilting against their good natured work,
Setting their hat against the wind
Humble in their soundless generation
Renewing the energy.
Its constant persistence.
Relentlessly turning,
Wind driven angels.

Cassandra Green
Blue Whale

So beautiful
one by one they fall
soon there will be none left at all
the biggest of the mammals the king of the sea
my favourite animals and a part of history
it only takes one net and he's bleeding on the shore
it only takes one step and we're breeding
more and more.

Siobhan Phillips
The Web

A snare of silk strands
Woven in an intricate pattern
No more than a hand's span wide

The spider knows she need not build it bigger:
It captures enough food
To keep her and the food source alive

Whereas humans' webs relentlessly swell
And Earth's resources are steadily absorbed -
Not realising as their trap grows, the Earth dies

Ella Mi
The Storm

The light beams race to Earth from Sun,
Their homes a million miles away
Unlike our icy alien land
To which they pilgrim. At end of day
We trap them here, forever stranded
To roam this jail, forlorn, unfree.

The ice, they sleep contentedly
Beneath the snow, a thousand years,
Beside their friends and family
But we set fire to their world and sear
Their clasping hands. Alone, they drift
Now, parted by currents, oceans, seas.

The earth, that nourishes with crop
Spring forth in green, and yet we leach
Away its fruitfulness; it thirsts
And cracks a rift of continents, the drop
Dividing us. Now each
Is blowing in the wind, dispersed.

A storm in Ceredigion, high
Upon the mountainside, where gashes
Struck deep in earth like razor blades
Tell last night's lightning, vengeance for
The trap we made. And rain from cloud
Clung hills bear down on us, drowning
Our homes, as we did theirs, to return
In rivers to their homeland. Ours –
Become iron skies and shattered earth,
And chasms black against the rising sun,
The ones we made.

Theo Brown
Ripples

A stone
Sound of water
A ripple

Another ripple
Larger
Growing outwards
Ever-spreading wavelets
That fill the pond.

A handful
Of smaller pebbles
Sound of water
Repeated in a sound like rain
A ripple

Another ripple
Then another, and another,
Until they merge
and fill the pond.

47

The poems in this anthology were submitted to Awel Aman Tawe's Climate Change poetry competition. The following poems were selected to win prizes:

Adult Welsh: *Heno, wrth gysgu* by Angharad Penrhyn Jones (1st), *Sgrechen* by Martin Huws (2nd), *Yr Arth Wen* by Mair Owen Wyn and *Ar Fynydd Margam* by Glenys Kim Protheroe (joint 3rd).

Adult English: *Birth of a Naturalist* by Sarah Westcott (1st), *Passage* by Iris Debley (2nd), *Erosion* by Noel Williams (3rd).

The following poems by under 18s were selected to win prizes: *Dyffryn Du* by Adam Jones (1st, Welsh), *Angels* by Bridie Marlow (1st), *Blue Whale* by Cassandra Green (2nd) and *The Web* by Siobhan Phillips (3rd).

Cyflwynwyd y cerddi yn yr antholeg hon i Awel Aman Tawe fel cynigion yn eu cystadleuaeth farddoniaeth Newid yn yr Hinsawdd. Dewiswyd y cerddi canlynol i ennill gwobrau:

Oedolion Cymraeg: *Heno, wrth gysgu* gan Angharad Penrhyn Jones (1af), *Sgrechen* gan Martin Huws (2il), *Yr Arth Wen* gan Mair Owen Wyn ac *Ar Fynydd Margam* gan Glenys Kim Protheroe (cydradd 3ydd).

Oedolion Saesneg: *Birth of a Naturalist* gan Sarah Westcott (1af), *Passage* gan Iris Debley (2il), *Erosion* gan Noel Williams (3ydd).

Dewiswyd y cerddi canlynol gan bobl ifanc dan 18 oed i ennill gwobrau: *Dyffryn Du* gan Adam Jones (1af, Cymraeg), *Angels* gan Bridie Marlow (1af), *Blue Whale* gan Cassandra Green (2il) a *The Web* gan Siobhan Phillips (3ydd).

Awel Aman Tawe is a community energy charity (charity no 1114492) committed to tackling climate change. For more information about Awel Aman Tawe visit *www.awelamantawe.co.uk*.

Elusen ynni cymunedol yw Awel Aman Tawe (rhif elusen 1114492) sy'n ymrwymo i fynd i'r afael â'r newid yn yr hinsawdd. Am ragor o wybodaeth ynghylch Awel Aman Tawe ewch i *www.awelamantawe.co.uk*.

76-78 Heol Gwilym, Cwmllynfell, Abertawe/Swansea, SA9 2GN
01639 - 830870